电网企业班组安全生产百问百答

变电运维

国网浙江省电力有限公司绍兴供电公司 组编

中国电力出版社
CHINA ELECTRIC POWER PRESS

图书在版编目（CIP）数据

电网企业班组安全生产百问百答. 变电运维 / 国网浙江省电力有限公司绍兴供电公司组编. —北京：中国电力出版社，2018.9

ISBN 978-7-5198-2247-7

Ⅰ. ①电… Ⅱ. ①国… Ⅲ. ①电力工业–工业企业管理–班组管理–安全生产–中国–问题解答②变电所–电力系统运行–安全管理–问题解答 Ⅳ. ① F426.61-44 ② TM63-44

中国版本图书馆 CIP 数据核字（2018）第 158413 号

出版发行：中国电力出版社
地　　址：北京市东城区北京站西街 19 号（邮政编码 100005）
网　　址：http://www.cepp.sgcc.com.cn
责任编辑：崔素媛（010-63412392）
责任校对：黄　蓓　常燕昆
装帧设计：张俊霞（版式设计和封面设计）
责任印制：杨晓东

印　刷：北京瑞禾彩色印刷有限公司
版　次：2018 年 9 月第一版
印　次：2018 年 9 月北京第一次印刷
开　本：880 毫米 ×1230 毫米　64 开本
印　张：1.375
字　数：46 千字
印　数：0001—3000 册
定　价：19.00 元

内容提要

本套丛书旨在提高电网企业班组人员的安全知识和安全技能。

本书采用“一问一答”的形式，选取了电网企业变电运维专业常见的、容易导致安全事故的问题，包括通用安全、设备巡视、日常维护、倒闸操作、工作票管理、运维一体化作业、变电站设备异常和事故处理、新设备（新站）投运准备安全管理及其他共 9 个方面。

本书精心选取了 100 个问题，这 100 个问题紧贴工作实际，答案通俗易懂、简明扼要、图文并茂，易于被一线员工所接受。

本书可作为电网企业变电运维人员的日常安全知识工具书，也可用于现场工作资料查询，还可用作学习培训资料。

编 | 写 | 组

主　编　陶鸿飞

副主编　姚建立　陈　德

参　编　朱　伟　魏伟明　丁　梁　王　雷　沈　达
　　　　　李俊华　肖　萍

绘　图　王瑞龙

前 言

党的十九大指出，要牢固树立安全发展理念，弘扬生命至上、安全第一的思想，坚守发展决不能以牺牲安全为代价这条不可逾越的红线和遏制重特大事故发生这条底线。电力作为在国民经济的重要行业，安全生产就显得尤为重要。

根据国家电网公司关于强化本质安全的有关要求，要把队伍建设作为安全工作的关键，要全面加强员工安全知识和技能培训，努力适应新形势下公司和电网发展需要。因此，电网企业各级人员尤其是一线员工必须要牢固掌握本岗位的安全知识，熟悉安全规程制度，具备保证安全的技能，增强全员事故预防和应对能力，确保电网可靠运行。

本套丛书共分为《变电运维》《变电检修》《输电运检》和《配电运检》4 个分册。每个分册都采用“一问一答”的形式，精心选取了电网企业各专业常见的、易造成安全事故的 100 个问题，这 100 个问题紧贴基层工作实际，答案通俗易懂、简明扼要、图文并茂，易于被一线员工所接受。

本套丛书由国网浙江省电力有限公司绍兴供电公司具有丰富管理经验和一线实践经验的人员编写，本书在编写过程中得到了国网浙江省电力有限公司绍兴供电公司相关部门领导和同事的支持和帮助，在此表示衷心感谢。同时也感谢中国电力出版社给予的大力支持。

由于编者水平有限，书中不足之处，希望各位读者予以批评指正。

目录

三、日常维护

四、倒闸操作

五、工作票管理

六、运维一体化作业

七、变电站设备异常和事故处理

八、新设备（新站）投运准备安全管理

九、其　他

一、通用安全

1. 作业现场和作业人员应满足哪些基本条件?

答：作业现场的生产条件和安全设施等应符合有关标准、规范的要求，工作人员的劳动防护用品应合格、齐备。经常有人工作的场所及施工车辆上宜配备急救箱，存放急救用品，并应指定专人经常检查、补充或更换。现场使用的安全工器具应合格并符合有关要求。各类作业人员应被告知其作业现场和工作岗位存在的危险因素、防范措施及事故紧急处理措施。

作业人员应经医师鉴定，无妨碍工作的病症（体格检查每两年至少一次）。具备必要的电气知识和业务技能，且按工作性质，熟悉《国家电网公司电力安全工作规程（变电部分）》（以下简称《安规》）相关部分，并经考试合格。具备必要的安全生产知识，学会紧急救护法，特别要学会触电急救。

2. 变电运维人员上岗前和在岗时的安全培训有哪些基本要求?

答：变电运维人员在上岗前应经过现场规程制度的学习、现场见习和至少 2 个月的跟班实习，并经考试合格后上岗。

在岗的变电运维人员应定期进行有针对性的现场考问、反事故演习、技术问答、事故预想等现场培训活动，应定期进行仿真系统的培训，学会自救互救方法、疏散和现场紧急情况的处理，应熟练掌握触电现场急救方法，掌握消防器材的使用方法。此外，因故间断电气工作连续3个月以上的变电运维人员，应重新学习《安规》，并经考试合格后，方可再上岗工作。若应用新工艺、新技术、新设备、新材料时，相关人员应进行专门的安全教育和培训，经考试合格后，方可上岗。

3. 交接班主要应包括哪些内容?

答：交接班主要应包括以下内容：

（1）所辖变电站的运行方式；

（2）缺陷、异常、故障处理情况；

（3）两票的执行情况，现场保留安全措施及接地线情况；

（4）所辖变电站维护、切换试验、带电检测、检修工作开展情况；

（5）各种记录、资料、图纸的收存保管情况；

（6）现场安全用具、工器具、仪器仪表、钥匙、生产用车及备品备件使用情况；

（7）上级交办的任务及其他事项。

4. 外来工作人员进入作业现场有哪些安全规定?

答: 外来工作人员必须经过安全知识和安全规程的培训，并经考试合格后方可上岗。在工作时必须持证或佩戴标志上岗。若从事有危险的工作时，应在有经验的变电运维人员带领和监护下进行，并做好安全措施，开工前由监护人将带电区域、部位等危险区域以及警告标志的含义向外来工作人员交代清楚并要求外来工作人员复述，复述正确后方可开工。禁止在没有监护的条件下指派外来工作人员单独从事有危险的工作。

5. 触电伤员脱离电源后，应如何判断其有无意识？

答：应按照以下方法判断其有无意识：

（1）轻轻拍打伤员肩部，高声喊叫：“喂！你怎么啦？”

（2）如认识，可直接呼喊其姓名。若有意识，立即送医院。

（3）眼球固定、瞳孔散大，无反应时，应立即用手指甲掐压人中穴、合谷穴约5s。

6. 常用的安全标识牌应悬挂在哪些地方？

答：根据《安规》要求，安全标识牌应悬挂在下列地方：

（1）“禁止合闸，有人工作!”应悬挂在一经合闸即可送电到施工设备的断路器（开关）和隔离开关（刀闸）操作把手上；

（2）“禁止合闸，线路有人工作!”应悬挂在线路断路器（开关）和隔离开关（刀闸）把手上；

（3）“禁止分闸!”应悬挂在接地刀闸与检修设备之间的断路器（开关）操作把手上；

（4）“在此工作”应悬挂在工作地点或检修设备上；

（5）“止步，高压危险!”应悬挂在施工地点邻近带电设备的遮拦上、室外工作地点的围栏上、禁止通行的过道上、高压试验地点、室外构架上和工作地点邻近带电设备的横梁上；

（6）“从此上下”应悬挂在工作人员可以上下的铁架、爬梯上；

（7）“从此进出!”应悬挂在室外工作地点围栏的出入口处；

（8）“禁止攀登，高压危险！”应悬挂在高压配电装置构架的爬梯上，变压器、电抗器等设备的爬梯上。

7. 安全工器具的检查、保管和试验有哪些基本要求？

答：（1）检查要求。安全工器具使用前的外观检查应包括绝缘部分有无裂纹、老化、脱落、严重伤痕，固定连接部分有无松动、锈蚀、断裂等现象。对其绝缘部分的外观有疑问时应进行绝缘试验，合格后方可使用。

（2）保管要求。安全工器具宜存放在温度为 -15～+35℃、相对湿度为 80% 以下、干燥通风的安全工器具室内。运输或存放在车辆上时，不得与酸、碱、油类或化学药品接触，并有防损伤和防绝缘性能破坏的措施。成套接地线宜存放在专用架上，架上的编号与接地线的编号应一致。绝缘隔板和绝缘罩应放在室内干燥、离地面 200mm 以上的架上或专用的柜内。使用前应擦净灰尘。如果表面有轻度擦伤，应涂绝缘漆处理。

（3）试验要求。安全工器具应经过国家规定的型式试验、出厂试验和使用中的周期性试验。安全工器具经试验合格后，应在不妨碍绝缘性能且醒目的部位粘贴合格证。

8. 哪些情况下禁止进行动火作业?

答：下列情况禁止进行动火作业：

（1）压力容器或管道未泄压前；

（2）存放易燃易爆物品的容器未清理干净前或未进行有效置换前；

（3）风力达5级以上的露天作业；

（4）喷漆现场；

（5）遇有火险异常情况未查明原因和消除前。

9. 工作票的“四不开工”和“四不终结”分别是指什么?

答：“四不开工”，即工作地点或工作任务不明确不开工，安全措施的要求或布置不完善不开工，许可手续不完善不开工，检修(施工)人员和变电运维人员没有共同到现场检查或检查不合格不开工。

“四不终结”，即检修、试验人员未全部撤离工作现场不终结，设备变更交接不清或记录不明不终结，现场没有清理干净不终结，检修、试验人员和变电运维人员没有共同赴现场检查或检查不合格不终结。

二、设备巡视

10. 灾害恶劣天气时，巡视设备应注意哪些安全事项?

答：火灾、地震、台风、冰雪、洪水、泥石流、沙尘暴等灾害发生时，如需要对设备进行巡视时，应制定必要的安全措施，得到设备运维管理单位（部门）分管领导批准，并至少两人一组，巡视人员应与派出部门之间保持通信联络。

11. 哪些情况下需进行特殊巡视?

答：特殊巡视指因设备运行环境、方式变化而开展的巡视。遇有以下情况，应进行特殊巡视：

（1）大风后；

（2）雷雨后；

（3）冰雪、冰雹后、雾霾过程中；

（4）新设备投入运行后；

（5）设备经过检修、改造或长期停运重新投入系统运行后；

（6）设备缺陷有发展时；

（7）设备发生过负载或负载剧增、超温、发热、系统冲击、跳闸等异常情况；

（8）法定节假日、上级通知有重要保供电任务时；

（9）电网供电可靠性下降或存在发生较大电网事故（事件）风险时段。

12. 当高压设备发生接地，巡视时应注意哪些安全事项?

答：高压设备发生接地时，室内人员应距离故障点 4m 以外，室外人员应距离故障点 8m 以外。进入上述范围的人员应穿绝缘靴，接触设备的外壳和构架时，应戴绝缘手套。应二人同时进行，出现异常现象及时汇报处理。如果巡视中高压设备突然发生接地，并拢双脚或单脚跳跃，跳跃至距接地点 4m（室内）、8m（室外）以外。

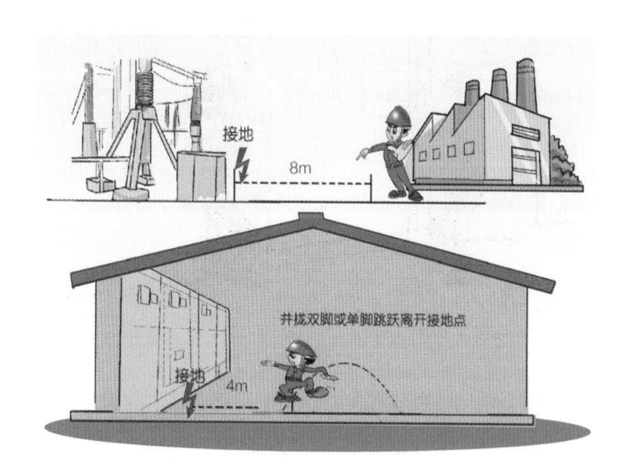

13. 进入 SF_6 配电装置室巡视时应注意哪些安全事项？

答：工作人员进入 SF_6 配电装置室前，入口处若无 SF_6 气体含量显示器，应先通风 15min，并用检漏仪测量 SF_6 气体含量合格。尽量避免一人进入 SF_6 配电装置室进行巡视，不准一人进入从事检修工作。

14. 高压开关室温度、湿度有哪些要求？巡视时应注意哪些安全事项？

答： 变电运维人员应当根据高压开关室环境温度及设备要求，检查温控器整定值，及时投、停加热装置。高温天气期间，二次设备室、保护装置就地安装的高压开关室应保证室温不超过30℃，各设备室的相对湿度不得超过75%，巡视时应检查除湿设施功能是否有效。空调、除湿机应处于工作状态，并根据季节调整相应工作模式，除湿机若结冰应关机化霜，待冰块消除后再行开启。

15. 与常规变电站相比，智能变电站巡视时应注意哪些安全事项？

答：由于智能站采用合并单元、智能终端等设备并通过交换机实现全站组网通信，巡视时需要特别注意检查后台监控画面中MMS通信图、GOOSE通信图、SV通信图等画面，发现设备通信中断需立即根据设备异常应急处置预案进行处理。

16. 智能变电站智能组件柜巡视时需检查哪些内容？

答：智能变电站智能组件柜巡视时应检查下列内容：

（1）智能终端、合并单元、测控装置等设备运行正常，各指示灯均指示正常，无异常告警信号，装置检修状态投入压板在取下位置，智能终端各出口压板在放上位置；

（2）智能组件柜内温度、湿度应满足装置运行要求，柜内最低温度应保持在+5℃以上，柜内最高温度不超过柜外环境最高温度或40℃（当柜外环境最高温度超过50℃时），柜内湿度应保持在90%以下；

（3）智能组件柜内各装置光纤运行正常，无折断变形，光缆进出处封堵严密。

17. GIS 设备区巡视时应注意哪些安全事项？

答：GIS 设备区巡视时，需检查各表计压力是否在额定压力范围内，仔细听筒体内部是否有震动声或放电声，观察各开关机构箱内是否有渗油现象，发现异常情况应及时汇报，人员不得在 GIS 设备防爆膜附近停留。

18. 实施智能变电站继电保护 GOOSE 二次回路安全措施有哪些基本原则？

答：实施智能变电站继电保护 GOOSE 二次回路安全措施有下列基本原则：

（1）投入待检修设备检修压板，并退出待检修设备相关 GOOSE 出口软压板；

（2）退出与待检修设备相关联的运行设备的 GOOSE 接收软压板；

（3）通过待检修设备装置信息与待检修设备相关联的运行设备装置信息、后台信息进行比对，以确认安全措施是否执行到位。

19. 智能变电站继电保护、智能终端、合并单元、网络交换机现场巡视时应注意哪些安全事项？

答：变电运维人员应定期对继电保护系统的各设备、回路进行巡视，并做好记录，包括运行环境、外观、压板及把手状态、时钟、装置面板指示灯状态、差流、定值区、装置通信状况、打印机工况以及户外继电器和端子箱（含汇控柜、智能组件柜等）的防雨、防潮、防冻、防尘等措施。智能终端、合并单元查看面板有无告警信号，网络交换机查看已插入光纤的端口通信指示灯是否闪烁。

20. 变电运维巡视作业指导书中“危险点分析”部分应包括哪些内容？

答：“危险点分析”部分应包括下列内容：

（1）巡视地点的特点，如带电等可能给巡视人员带来的危险因素；

（2）巡视环境的情况，如雷雨天气、夜间、有害气体、缺氧、设备接地等，可能给巡视人员安全健康造成的危害；

（3）巡视人员的身体状况不适、思想波动、不安全行为、技术水平能力不足等可能带来的危害或设备异常；

（4）其他可能给巡视人员带来危害或造成设备异常的不安全因素。

21. 变电站智能巡检机器人日常运行维护时应注意哪些安全事项？

答：变电运维人员应按照智能巡检机器人生产厂家提供的技术

数据、规范、操作要求，熟练掌握智能巡检机器人及其巡检系统的使用，及时处理巡检系统异常，保证机器人巡检系统安全、可靠运行。应确保智能巡检机器人巡视路线无障碍；若外界环境参数超出机器人的设计标准，不应启动巡视任务，并及时关闭定时巡检设置。

三、日常维护

22. 变电运维人员应掌握和熟悉防误装置的哪些内容？

答：变电运维人员（或操作人员）及检修维护人员应熟悉防误装置的管理规定和实施细则，做到“四懂三会”（懂防误装置的原理、性能、结构和操作程序；会熟练操作、会处缺和会维护）。新上岗的变电运维人员应进行使用防误装置的专项培训。

23. 防误装置需要解锁、停用及逻辑修改时有哪些安全要求？

答：特殊情况下，防误装置解锁执行下列规定：

（1）防误装置及电气设备出现异常要求解锁操作，应由设备所属单位的运维管理部门防误装置专责人到现场核实无误，确认需要解锁操作，经专责人同意并签字后，由变电运维人员报告当值调度员，方可解锁操作；

（2）若遇危及人身、电网和设备安全等紧急情况需要解锁操作，可由变电运维值班负责人下令紧急使用解锁工具（钥匙），并由变电运维人员报告当值调度员，记录使用原因、日期、时间、使用者、批准人姓名；

（3）电气设备检修时需要对检修设备解锁操作，应经变电运维班班长批准，并在变电运维人员监护下进行。

防误装置整体停用应经供电公司、检修分公司主管生产的行政副职或总工程师批准后方可进行，同时报有关主管部门备案。涉及防止电气误操作逻辑闭锁软件的更新升级（修改）时，应首先经设备运维管理部门审核，结合该间隔断路器停运或做好遥控出口隔离措施，报供电公司或检修分公司批准后方可进行。升级后应验证闭锁逻辑的正确恢复，并做好详细记录及备份。

24. 变电站内对工作接地线有哪些安全要求?

答：在变电站内工作，外部人员不得将任何形式的接地线带入站内。工作中需要加挂工作接地线，应使用变电站内提供的工作接地线。变电运维人员应对本站内装拆的工作接地线的地点和数量正确性负责。

25. 保管和使用防误装置解锁工具（钥匙）有哪些安全要求?

答：防误装置的解锁工具（钥匙）或备用解锁工具（钥匙）必须有专门的保管和使用制度，内容包括倒闸操作、检修工作、事故处理、特殊操作和装置异常等情况下的解锁申请、批准、解锁监护、解锁使用记录等解锁规定；微机防误装置授权密码和解锁钥匙应同时封存。

26. 停用、退出、解除防误操作闭锁装置有哪些审批流程?

答: 防误操作闭锁装置不得随意退出运行,停用防误操作闭锁装置应经本单位分管生产的行政副职或总工程师批准。短时间退出防误操作闭锁装置时,应经变电运维班班长批准,并应按程序尽快投入。解锁工具(钥匙)应封存保管,所有操作人员和检修人员禁止擅自使用解锁工具(钥匙)。若遇特殊情况需解锁操作,应经设备运维管理部门防误操作装置专责人或运维管理部门指定并经书面公布的人员到现场核实无误并签字后,由变电运维人员告知当值调控人员,方能使用解锁工具(钥匙)。单人操作、检修人员在倒闸操作过程中禁止解锁。如需解锁,应待增派的变电运维人员到现场,履行上述手续后处理。解锁工具(钥匙)使用后应及时封存并做好记录。

27. 微机保护改定值时应注意哪些安全事项?

答: 微机保护改定值时应注意下列安全事项:

(1)对比新旧整定单,清楚需要更改的保护定值项,并事先了解保护装置定值修改密码;

(2)确认该保护确在信号状态或停用状态;

(3)根据使用说明书或保护导航图,找到需更改的定值项并核对无误,逐项更改定值后保存,要求一人操作,一人监护;

(4)与保护整定单核对,所有定值正确(有打印机的打印核对）；返回保护初始菜单，检查保护运行正常。

28. 直流充电机交流电源切换试验时应注意哪些安全事项?

答：直流充电机交流电源切换试验时应注意下列安全事项：

（1）直流系统有异常时禁止交流电源切换试验；

（2）切换试验前应通知监控人员，进行充电机交流电源切换试验工作将有信号上送；

（3）切换过程中，一人监视直流母线电压，另一人检查蓄电池组运行情况，并对蓄电池组及直流屏上的蓄电池组输入回路进行测温；

（4）切换试验结束后，应检查后台监控系统上直流系统无告警信号，确认直流系统运行正常，并与监控人员核对相关信号。

29. UPS系统切换试验时应注意哪些安全事项?

答：UPS 系统切换试验时应注意下列安全事项：

（1）切换操作必须监护进行，严禁单人操作失去监护，发生误操作。

（2）切换试验前应通知监控人员，进行 UPS 系统切换试验工作将有信号上送。

（3）发现缺陷及异常时，禁止进行切换试验。及时汇报及处理，避免引发其他事故。

（4）切换试验结束后，应检查后台监控系统上 UPS 系统无告警信号，确认 UPS 系统运行正常，并与监控人员核对 UPS 系统无异常信号。

30. 站用变切换试验时应注意哪些安全事项?

答：站用变切换试验时应注意下列安全事项：

（1）切换试验前应通知监控人员，进行站用变切换试验工作将有信号上送。

（2）站用变切换前应检查通信电源 DC/DC 模块、AC/DC 模块工作正常和直流系统运行正常。

（3）站用变切换前应先将直流充电机交流输入电源拉开。同时一人监视直流母线电压，另一人检查蓄电池运行情况，并对蓄电池及直流屏上的蓄电池输入回路进行测温。

（4）防止蓄电池总熔丝熔断造成直流系统失去，若总熔丝熔断需立即恢复直流系统的交流输入。

（5）切换后应检查以下设备运行正常：各 UPS 电源、通信电源、空调、吸湿器、通信电源屏上通信电源系统 DC/DC 和 AC/DC 变换器模块、直流充电屏上各充电模块及蓄电池。

（6）后台监控系统及直流监控装置上交直流系统无告警及异常信号，确认交直流系统运行正常，并与监控人员核对交直流系统无异常信号。

31. 整组阀控蓄电池测量时应注意哪些安全事项?

答: 整组阀控蓄电池测量时应注意下列安全事项:

(1)检查万用表表笔及引线的绝缘部分无破损，选择正确的直流电压档及电压插孔。测量时注意防止蓄电池短路或接地。

(2)蓄电池室严禁烟火，室内温度宜保持在 5~30℃，最高不应超过 35℃，并应通风良好。

(3)测量时表笔正极对单个电池正极，表笔负极对单个电池负极。阀控蓄电池组正常应以浮充电方式运行，浮充电压值应控制为(2.23~2.28)V×N，一般宜控制在 2.25V×N(25℃时)。均衡充电电压宜控制为(2.30~2.35)V×N。

32. 避雷器泄漏电流抄录时应注意哪些安全事项?

答: 避雷器泄漏电流抄录时应注意下列安全事项:

(1)雷雨时，严禁巡视人员接近避雷器;

(2)当避雷器泄漏电流指示异常时，应及时查明原因，必要时缩短巡视周期;

(3)系统发生过电压、接地等异常运行情况时，应对避雷器进行重点检查，并抄录泄漏电流及动作次数;

(4)正常天气情况下，泄漏电流读数超过初始值 1.2 倍，定性为严重缺陷，超过初始值 1.4 倍，定性为紧急缺陷，应立即上报缺陷并按缺陷流程处理;

（5）抄录时，若泄漏电流读数为零，可能是泄漏电流表指针失灵，可用手轻拍监测装置检查泄漏电流表指针是否卡死，如无法恢复时，定性为严重缺陷，应立即上报缺陷并按缺陷流程处理。

33. 电容式电压互感器（CVT）二次电压测量时应注意哪些安全事项？

答：检查万用表表笔及引线的绝缘部分无破损，选择正确的交流电压档及电压插孔。测量中注意防止电压回路短路及接地。防止误碰 CVT 端子箱内电压空气小开关或试跳按钮，以防空气小开关断开。

34. 在线监测装置有哪些安全管理要求？

答：在线监测装置不得随意退出运行，应等同于主设备进行定期巡视、检查。若在线监测装置不能正常工作，确需退出运行时，应经运维单位运检部审批并记录后方可退出运行。

在线监测装置告警值的设定由各级运检部门和使用单位根据技术标准或设备说明书组织实施，告警值的设定和修改应记录在案。

35. 变电站在防小动物措施方面有哪些安全管理要求？

答：变电站在防小动物措施方面有下列安全管理要求：

（1）高压配电室(35kV 及以下电压等级高压配电室)、低压配电室、电缆层室、蓄电池室、通信机房、设备区保护小室等通风口处应有防鸟措施，出入门应有防鼠板，防鼠板高度不低于40cm。

（2）设备室、电缆夹层、电缆竖井、控制室、保护室等孔洞应严密封堵，各屏柜底部应用防火材料封严，电缆沟道盖板应完好严密。各开关柜、端子箱和机构箱应封堵严密。

（3）各设备室不得存放食品，应放有捕鼠（驱鼠）器械（含电子式），并做好统一标识。

（4）通风设施进出口、自然排水口应有金属网格等防止小动物进入措施。

（5）变电站围墙、大门、设备围栏应完好，大门应随时关闭。各设备室的门窗应完好严密。

（6）定期检查防小动物措施落实情况，发现问题及时处理并做好记录。

（7）巡视时应注意检查有无小动物活动迹象，如有异常，应查明原因，采取措施。

（8）因施工和工作需要将封堵的孔洞、入口、屏柜底打开时，应在工作结束时及时封堵。若施工工期较长，每日收工时施工人员应采取临时封堵措施。工作完成后应验收防小动物措施恢复情况。

四、倒闸操作

36. 高压设备符合哪些条件可以单人操作？单人操作时有哪些安全要求？

答：高压设备符合单人操作的条件：

（1）室内高压设备的隔离室设有遮栏，遮栏的高度在 1.7m 以上，安装牢固并加锁者；

（2）室内高压断路器的操动机构用墙或金属板与该断路器隔离或装有远方操动机构者。

单人操作的要求：

（1）单人值班的变电站操作时，变电运维人员根据发令人用电话传达的操作指令填用操作票，复诵无误；

（2）若有可靠的确认和自动记录手段，调控人员可实行单人操作；

（3）实行单人操作的设备、项目及人员需经设备运维管理单位（部门）或调度控制中心（以下简称调控中心）批准，人员应通过专项考核。

37. 检修人员操作时有哪些安全要求？

答： 经设备运维管理单位（部门）考试合格、批准的本单位的检修人员，可进行 220kV 及以下的电气设备由热备用至检修或由检修至热备用的监护操作，监护人应是同一单位的检修人员或设备运维人员。

检修人员进行操作的接、发令程序及安全要求应由设备运维管理单位（部门）总工程师审定，并报相关部门和调控中心备案。

38. 倒闸操作时机械锁的使用有哪些规定？

答： 下列三种情况应加挂机械锁：

（1）未装防误操作闭锁装置或闭锁装置失灵的刀闸手柄、阀厅大门和网门；

（2）当电气设备处于冷备用或网门闭锁失去作用时的有电间隔网门；

（3）设备检修时，回路中的各来电侧刀闸操作手柄和电动操作刀闸机构箱的箱门。

机械锁应 1 把钥匙开 1 把锁，钥匙要编号并妥善保管。

39. 电气设备操作后的位置检查应如何进行？

答： 电气设备操作后的位置检查应以设备各相实际位置为准，无法看到实际位置时，可通过设备机械位置指示、电气指示、带电显示装置、仪表及各种遥测、遥信等信号的变化来判断。判断时至少应有两个非同样原理或非同源的指示发生对应变化，且所有这些确定的指示均已同时发生对应变化，才能确认该设备已操作到位。

40. 哪些情况下可采用间接验电？间接验电应如何进行？

答：对无法进行直接验电的设备、高压直流输电设备和雨雪天气时的户外设备，可以进行间接验电。330kV 及以上的电气设备，可采用间接验电的方法进行验电。

即通过设备的机械指示位置、电气指示、带电显示装置、仪表及各种遥测、遥信等信号的变化来判断。判断时，至少应有两个非同样原理或非同源的指示发生对应变化，且所有这些确定的指示均已同时发生对应变化，才能确认该设备已无电。

41. 哪些变电运维作业项目需穿绝缘靴或戴绝缘手套?

答：用绝缘棒拉合隔离开关、高压熔断器或经传动机构拉合断路器和隔离开关，均应戴绝缘手套。雨天操作室外高压设备时，绝缘棒应有防雨罩，还应穿绝缘靴。接地网电阻不符合要求的，晴天也应穿绝缘靴。

装卸高压熔断器，应戴护目眼镜和绝缘手套，必要时使用绝缘夹钳，并站在绝缘垫或绝缘台上。

42. 携带型短路接地线检查时有哪些安全要求?

答：携带型短路接地线检查时有下列安全要求：

（1）接地线的厂家名称或商标、产品的型号或类别、接地线横截面积（mm^2）、生产年份及带电作业用（双三角）符号等标识清晰完整；

（2）接地线的多股软铜线截面积不得小于 $25mm^2$，其他要求同个人保安接地线；

（3）接地操作杆同绝缘杆的要求；

（4）线夹完整、无损坏，与操作杆连接牢固，有防止松动、滑动和转动的措施。应操作方便，安装后应有自锁功能。线夹与电力设备及接地体的接触面无毛刺，紧固力应不致损坏设备导线或固定接地点。

43. 接地线导体端、接地端的设置和装拆有哪些规定?

答：在配电装置上，接地线应装在该装置导电部分的规定地点，应去除这些地点的油漆或绝缘层，并划有黑色标记。所有配电装置的适当地点，均应设有与接地网相连的接地端，接地电阻应合格。装设接地线操作人应按照离接地端先近后远的次序逐相装设接地线导体端。拆除接地线操作人应按照先离接地端远后近的次序逐相拆除接地线。

44. 绝缘杆检查有哪些安全要求?

答：绝缘杆检查有下列安全要求：

（1）绝缘杆的型号规格、制造厂名、制造日期、电压等级及带电作业用（双三角）符号等标识清晰完整；

（2）绝缘杆的接头不管是固定式的还是拆卸式的，连接都应紧密牢固，无松动、锈蚀和断裂等现象；

（3）绝缘杆应光滑，绝缘部分应无气泡、皱纹、裂纹、绝缘层脱落、严重的机械或电灼伤痕，玻璃纤维布与树脂间黏结完好不得开胶；

（4）握手的手持部分护套与操作杆连接紧密、无破损，不产生相对滑动或转动。

45. 辅助型绝缘手套和绝缘靴（鞋）检查有哪些安全要求?

答: 辅助型绝缘手套的检查要求如下:

（1）辅助型绝缘手套的电压等级、制造厂名、制造年月等标识清晰完整;

（2）手套应质地柔软良好，内外表面均应平滑、完好无损，无划痕、裂缝、折缝和孔洞;

（3）用卷曲法或充气法检查手套有无漏气现象。

辅助型绝缘靴（鞋）检查要求如下:

（1）辅助型绝缘靴（鞋）的鞋帮或鞋底上的鞋号、生产年月、标准号、电绝缘字样（或英文 EH）、闪电标记、耐电压数值、制造商名称、产品名称、电绝缘性能出厂检验合格印章等标识清晰完整;

（2）绝缘靴（鞋）应无破损，宜采用平跟，鞋底应有防滑花纹，鞋底（跟）磨损不超过 1/2 。鞋底不应出现防滑齿磨平、外底磨露出绝缘层等现象。

46. 操作票作废，票面印章使用应注意哪些事项?

答: 操作票作废应在操作任务栏内右下角加盖“作废”章，在作废操作票 [备注] 栏内注明作废原因。调控中心通知作废的任务票应在操作任务栏内右下角加盖“作废”章，并在 [备注] 栏内注明作废时间、通知作废的调控人员姓名和受令人姓名。

若作废操作票含有多页，应在各页[操作任务]栏内右下角均加盖“作废”章，在作废操作票首页[备注]栏内注明作废原因，自第二张作废页开始可只在[备注]栏中注明“作废原因同上页”。

47. 倒闸操作中如何正确验电?

答：操作人验电前，在临近相同电压等级带电设备测试验电器，确认验电器合格，验电器的伸缩式绝缘棒长度应拉足，手握在手柄处不得超过护环，人体与验电设备保持足够安全距离。

为防止存在验电死区，有条件时应采取同相多点验电的方式进行验电，即每相验电至少3个点间距在10 cm以上。

48. 倒闸操作中发生疑问时应如何处理?

答：操作中发生疑问时，应立即停止操作并向发令人报告，并禁止单人滞留在操作现场。弄清问题后，待发令人再行许可后方可继续进行操作。不准擅自更改操作票，不准随意解除闭锁装置进行操作。

49. 后台监控倒闸操作时应注意哪些安全事项?

答：后台监控倒闸操作时应注意下列安全事项：

（1）操作双方来到监控机前，监护人提示，操作人打开（或进入）需操作开关的接线界面；

（2）监护人提示需操作开关，操作人将鼠标置于需操作开关图标上，手指并读唱设备命名；

（3）监护人核对设备命名相符后，发出“对”的确认信息；

（4）操作人点击开关图标打开操作界面，双方分别输入用户名、口令，操作人输入开关命名（操作界面与厂家的系统配置有关，可根据画面提示进行）；

（5）双方核对开关命名、状态、操作提示等正确无误；

（6）监护人唱票，操作人手指并复诵；

（7）监护人发出“对，执行”命令；

（8）操作人按下鼠标进行正式操作；

（9）双方核对监控机上操作后提示信息、开关变位、潮流变化等正确无误；

（10）双方核对保护、测控屏上有关开关操作信息正确无误；

（11）监护人在操作票上打勾；

（12）监护人提示下步操作内容。

50. 高压验电器检查、使用时有哪些安全要求?

答: 高压验电器检查、使用时有下列安全要求：

（1）必须使用额定电压和被验设备电压等级相一致的合格的验电器；

（2）检查验电器表面光滑、清洁，升缩灵活；

（3）按动试验按钮，发出声光符合要求；

（4）在验电前，验电器应在有电的设备上试验，证明该验电器完好，再在合接地闸刀或挂接地线处逐相验电；

（5）验电笔试验时必须保证手握部位与带电设备有足够的安全距离，不准沿设备外壳或绝缘子表面移动验电笔；

（6）在高压设备上进行验电，必须戴绝缘手套并有监护人在场；

（7）操作过程中，验电笔不准放置于地面上，应选择合适干燥的地点放置；

（8）验电器试验合格并在有效期内。

51. 拟票人拟写、审核操作票时应注意哪些事项？

答：拟写和审核操作票主要依据有：调度指令、设备实际状态、典型操作票、工作票安全措施要求等，一般根据调度指令、典型操作票开具操作票，此外应根据设备实际状态、工作票安全措施要求对操作票内的具体步骤进行调整，如一、二次状态不对应的情况，工作票安全措施对接地闸刀和接地线有具体要求的情况等。审核操作票由当值审票和下值审票。

如当值审票，当值人员逐级对操作票进行全面审核，对操作步骤进行逐项审核，是否达到操作目的，是否满足运行要求，确认无误后分别签名。审核时发现操作票有误即作废操作票，令拟票人重新填票，然后再履行审票手续。

交接班时，交班人员应将本值未执行操作票主动移交，并交待有关操作注意事项。接班人员应对上一值移交的操作票重新进行审核，如审核发现错误后作废操作票，并重新填写操作票。

52. 就地电动操作闸刀时应注意哪些安全事项？放上跳闸出口压板时应注意哪些安全事项？

答：就地电动操作闸刀操作人按下“分闸”或“合闸”按钮进行实际操作时，应尽快找到对应“停止”按钮，并注视被操作闸刀。该操作的要求主要是为防止发现闸刀操作错误或中途拒分、拒合、电动失灵的情况下能及时按下“停止”按钮，让闸刀及时停止操作，进行后续处理。

放上跳闸出口压板前，对于跳运行开关的跳闸出口压板，应测量两端无压后方可放上。测量无压的目的主要是为了防止保护误出口或出口接点粘连等异常情况下误跳运行开关。

53. 倒闸操作中核对设备命名应注意哪些安全事项?

答：倒闸操作中核对设备命名应注意下列安全事项：

（1）操作人找到需操作设备命名牌，用手指该设备命名牌读唱设备命名；

（2）监护人随操作人读唱默默核对该设备命名与操作票上设备命名相符后，发出“对”的确认信息；

（3）由监护人核对设备状态与操作要求相符，此时操作人应保持在原位不动；

（4）监护人将该步操作钥匙交给操作人，操作人核对钥匙上命名与操作设备命名相符（钥匙包括门锁钥匙、防误装置普通钥匙、电脑钥匙等）；

（5）操作人手指设备原则：手动操作设备，手指操作设备命名牌。电动操作设备，手指操作按钮。后台监控机上操作设备，手指操作画面。检查设备状态，手指设备本身。装拆接地线，手指接地线导体端位置。操作二次设备，手指二次设备本身。

54. 哪些操作步骤要做模拟操作手势？因故中断操作后恢复时应注意哪些安全事项？

答：具有方向性或选择性的操作步骤要做模拟操作手势，如手动操作闸刀、按钮操作开关、切换片切换、电流端子切换等。

倒闸操作过程若因故中断，在恢复操作时变电运维人员应重新进行核对（核对设备名称、编号、实际位置）工作，确认操作设备、操作步骤正确后，再次进行唱票、复诵，无误后，方可继续操作。

55. 倒闸操作前的危险点分析预控应如何进行？

答：危险点分析预控一般由变电运维值班负责人组织。查阅危险点预控资料，同时根据操作任务、操作内容、设备运行方式和工作票安全措施要求等，共同分析本次操作过程中可能遇到的危险点，提出针对性预控措施。

56. 操作后的操作复查评价应如何进行?

答： 操作复查评价一般由变电运维值班负责人组织。全部操作完毕后，值班负责人宜检查设备操作全部正确。

值班负责人宜对整个操作过程进行评价，及时分析操作中存在的问题，提出今后改进要求。

57. 后台监控设备核对设备命名应如何进行?

答： 后台监控设备核对设备命名应按下列程序进行：

（1）操作人进入操作画面，找到需操作设备的图标，用手指该设备的图标读唱设备命名。操作过程中还需按操作界面提示多次核对设备命名。

（2）监护人随操作人读唱默默核对该设备命名与操作票上设备命名相符后，发出“对”的确认信息。

（3）双方核对设备状态与操作要求相符。

58. 变动操作接地线时应遵守哪些安全规定?

答: 变动操作接地线时应遵守下列安全规定:

(1)高压回路上工作或电力电缆试验按规定需要对操作接地变动方能工作的，由工作负责人向变电运维人员提出，并经值班负责人同意(根据调控员指令装设的接地闸刀或接地线，应征得当值调控员的许可);

(2)操作接地的变动由变电运维人员负责实施，如果实施过程中有困难可以由变电运维人员负责监护，工作人员负责实施。操作接地的变动情况应在工作票(含工作许可人和负责人联)[备注]栏内记录;

(3)相关工作完毕，由工作负责人向变电运维人员提出恢复操作接地，工作负责人和变电运维人员应共同核对恢复后操作接地(接地闸刀或接地线)的名称、编号、位置正确，并在工作票(含工作许可人和负责人联)[备注]栏内记录恢复情况。

59. 操作接地的设置有哪些基本原则?

答: 操作接地的设置有下列基本原则:

(1)操作接地是指改变电气设备状态的接地。操作接地由操作人员负责实施。

(2)操作接地应优先选择接地闸刀接地，接地闸刀因故无法使用时方可采用装设接地线接地，原则上两者不得同时使用。

（3）工作许可前工作票安全措施中所需挂（合）的接地线（接地闸刀），由变电运维人员实施，并对其正确性负责。

（4）操作接地（含接地闸刀或接地线）的装设必须与调度发令任务的状态相一致或符合各单位对于设备各种检修状态的明确定义。

60. 程序化操作的设备状态检查时应注意哪些安全事项？

答：程序化操作的设备状态检查时应注意下列安全事项：

（1）执行程序操作前，变电运维人员应核对设备初始状态，并检查有无异常信息后方可执行；

（2）对于操作可靠的设备 GIS、HGIS、PASS、COMPASS 等组合电器，若不能直接观察设备实际位置，可采用操作后集中进行设备检查和状态的人工确认，中间步骤的状态确认主要依靠监控系统的遥测、遥信等信息和防误闭锁功能来实现；

（3）对于 AIS（非组合电器）等可观察状态设备的程序操作，设备变位检查采用人工确认的方式，即每完成一步程序操作，须人工现场确认实际变位情况，正确后方可再继续下一步程序操作；

（4）保护定值区切换后应进行定值核对，核对正确后方可再继续下一步程序操作；

（5）程序操作完毕后，变电运维人员应核对设备目标状态，并检查确认无异常信息后方可结束相关操作。

61. 程序化操作执行异常处理时应注意哪些安全事项?

答：程序操作过程中因事故总信号、设备状态不到位或未满足操作条件等而自动停止的，应立即中断当前操作，并按下列方法处理：

（1）设备状态尚未发生改变。在程序操作软件的缺陷处理后，可继续进行程序操作。若程序操作软件的缺陷无法立即消缺，则改为常规操作。

（2）设备状态已发生改变。若为单间隔程序操作，则应立即终止当前的程序操作并改为常规操作，并在操作票[备注]栏内注明中断原因。若为多间隔的组合票，则操作中断时涉及间隔的剩余操作应改为常规操作，处理方法同上。其余间隔是否重新拟定新的组合票进行程序操作应根据实际情况而定。

（3）中断操作后，应根据调度命令按常规操作要求重新拟写操作票，并在程序操作已执行步骤后打勾，常规操作从当前中断步骤的下一步开始。

（4）改为常规操作前，需现场核对设备状态，确认无误后再执行下一步操作。

（5）具备程序操作功能的变电站，在正常的操作过程中优先使用程序操作功能。

（6）当变电站监控系统存有缺陷，造成对设备的遥测、遥信、遥控采集及执行功能有影响时，涉及该设备的操作不得采用程序操作。

（7）遇到变电站事故处理等情况，严禁使用程序操作功能。

（8）当程序操作功能发生异常时，变电站应将异常情况上报程序操作技术管理部门，由技术管理部门安排消缺并作异常原因分析。

五、工作票管理

62. 变电站中哪些工作可以不使用工作票?

答: 除下列工作可以不使用工作票外，其他进入变电站的工作均应使用工作票:

（1）非生产区域的低压照明回路上工作;

（2）非生产区域的房屋维修;

（3）非生产区域的装卸车;

（4）设备全部安装在户内的变电站，在对户外树木、花草、生活用水（电）设施等进行维护;

（5）具备单独巡视变电站资质的人员巡视变电站或踏勘设备，专业人员进入变电站进行专业巡视或踏勘设备。

对于不使用工作票的工作，至少应由两人进行，同时必须落实该工作的现场负责人，办理工作许可手续，实施开工前安全教育，运行值班员应加强监督。

63. 工作负责人和工作许可人如需变更安全措施应注意哪些安全事项?

答：工作负责人和工作许可人任何一方不得擅自变更安全措施，如有特殊情况需要变更时，应先取得对方的同意并及时恢复。变更情况及时记录在值班日志内。

检试、施工人员未经变电运维人员许可，严禁拆除、移动、越过安全围栏进入运行设备区域内；特殊情况（如装、拆施工电源等），检试、施工人员需拆除、移动、越过安全围栏进入运行设备区域内，则必须事先得到变电运维人员的许可，并在工作负责人的监护下进行，完毕后立即恢复原状。变电运维人员在操作、巡视过程中允许移动安全围栏，但事后必须恢复原状。

工作票内所列的全部安全措施必须在开工前一次性完成。工作过程中确需变动安全措施（如高压回路上工作需拆除接地线或拉开接地闸刀等），应征得变电运维人员许可（若改变调度命令的状态时，必须通过值班员征得调度员的同意），并在值班员联[备注]栏内中记录。同时按“谁变动，谁负责”的原则，由工作班成员负责变动，工作负责人（或分工作负责人）检查确认，并在工作负责人联[备注]栏内填写变动情况。工作完毕恢复原状后，双方应共同核对无误。

64. 倒闸操作前需要进行哪些准备工作？

答： 倒闸操作前需要进行下列准备工作：

（1）操作准备情况。审核调控中心下发操作任务票正确，操作目的清晰、明确，操作票已开具并按流程审核正确，重大操作还要经班组管理人员审核正确。操作票的设备状态符合停电申请和工作票安全措施要求。

（2）操作用具情况。安全工器具，接地线外观完整无损，且在试验合格周期内，数量充裕；验电器外观无破损，声光试验良好，各电压等级验电器齐全，且在试验合格周期内，绝缘手套无破损，且在试验合格周期内。操作工具，电压表试测完好，操作用钥匙齐全，微机电脑钥匙完好，电量充足可用，现场照明正常，手电电量充足可用，操作手柄齐全。

（3）了解操作设备状况，设备特殊点，与常规设备不同的操作方法、操作要领等，对设备存在缺陷和隐患进行现场确认。

65. 变更工作负责人有哪些规定？

答： 非特殊情况不得变更工作负责人，如确需变更工作负责人应由工作票签发人同意并通知工作许可人，工作许可人将变动情况记录在工作票上。工作负责人允许变更一次。原、现工作负责人应对工作任务和安全措施进行交接。

66. 第一、二种工作票如何办理延期手续?

答: 第一、二种工作票需办理延期手续，应在工期尚未结束以前由工作负责人向变电运维值班负责人提出申请（属于调控中心管辖、许可的检修设备，还应通过值班调控人员批准），由变电运维值班负责人通知工作许可人给予办理。第一、二种工作票只能延期一次。

第一、二种工作票的工作任务因故确实不能在批准期限内完成时，工作负责人应在工期尚未结束以前向变电运维值班负责人提出申请，由变电运维值班负责人通知工作许可人办理。应按下列要求进行：

（1）必须在调度规程规定的期限内办理申请手续；

（2）属于调控中心管辖（许可）设备应向调控中心申请并得到批准。如延长的工作时间未超过停役申请批准时间，仅征得变电运维值班负责人（或工作许可人）同意即可；

（3）只允许延期一次。

经调控中心批准或值班员同意后，由工作许可人（或值班负责人）填上调度批准延长的时间，并与工作负责人双方签名包括签名的时间。

如果需要再次办理工作票延期手续，应将原工作票结束，重新办理工作票。

67. 设备同时停、送电可使用同一张工作票，在实际工作中如何把握？

答：下列情况可以使用同一张工作票：

（1）属于同一电压、位于同一平面场所，工作中不会触及带电导体的几个电气连接部分；

（2）一台变压器停电检修，其断路器也配合检修；

（3）全站停电。

在具体执行中可按如下要求执行：

（1）户外电气设备检修，如果满足同一段母线、位于同一楼层、同时停送电，且是连续排列的间隔同时停电检修，可以共用一张工作票。

（2）户内电气设备检修，如果满足同一电压、位于同一楼层、同时停送电，且检修设备为有网门隔离或封闭式开关柜等结构，防误闭锁装置完善，则几个间隔同时停电检修，可以共用一张工作票。

（3）双母线接线方式中一段母线停电，如果与该母线相连的几个间隔位于同一楼层、同时停送电，则几个间隔同时停电检修，可以共用一张工作票。但如果某几个间隔不连续排列，则应分别填用分工作票，允许连续排列的间隔使用一张分工作票。

（4）单母线分段接线方式中一段母线停电，如果与该母线相连的几个间隔位于同一楼层、同时停送电，则几个间隔同时停电检修，可以共用一张工作票。

（5）一台主变压器停电检修，各侧开关也配合检修，且同时停送电，可以共用一张工作票。

（6）变电站全停集中检修或某个配电装置全停集中检修时，可以共用一张工作票。

68. 工作许可手续完成后，工作负责人应向工作班人员交待哪些内容？

答：工作许可手续完成后，工作负责人、专责监护人应向工作班成员交待工作内容、人员分工、带电部位和现场安全措施，进行危险点告知，并履行确认手续，工作班方可开始工作。工作负责人、专责监护人应始终在工作现场，对工作班人员的安全认真监护，及时纠正不安全的行为。

69. 线路工作进入变电站工作时工作票手续应如何办理？

答：本单位线路工作可按如下要求进行：

（1）持线路(电缆)工作票进入变电站进行线路设备工作，应增填进入变电站工作份数（依据涉及变电站数量确定）；

（2）线路工作如果需要变电设备停役或做安全措施（悬挂标示牌、装设临时围栏除外），应使用变电工作票，工作负责人可由线路工作具备资质的人员担任；

（3）变电第一种工作票先由输电运检部门的工作票签发人签发线路(电缆)第一种工作票，明确所有安全措施，并对票面内容正确性负责，然后交变电检修部门工作票签发人正式签发变电第一种工作票；

（4）变电第二种工作票由输电运检部门具有变电第二种工作票签发资质的人员签发（该人员应经相关考试并发文公布）；

（5）若线路工作班作为变电检修部门工作班的小班参加工作时，变电工作票中应填入线路工作班组名称及其负责人姓名，同时由变电工作票签发人填写分工作票。变电工作票负责人向线路工作班负责人交待现场安全措施，并办理分工作票许可手续后，线路工作班方可开始工作。线路工作班所有人员都必须服从变电工作班负责人的指挥和监督。

外包施工时，实行双签发制度。其进入变电站进行线路工作时，先由外包单位线路工作票签发人签发线路(电缆)第一种工作票，明确所有安全措施，并对票面内容正确性负责，然后交变电检修部门或输电运检部门工作票签发人正式签发变电或线路（电缆）第一种工作票，并派遣工作负责人。

70. 哪些情况需要重新填写工作票并重新履行许可手续？

答：若至预定时间，一部分工作尚未完成，仍须继续工作而不妨碍送电者，在送电前工作班必须停止工作，并按送电后现场设备带电情况，办理新的工作票，布置好安全措施后，方能许可继续工作。

若须变更或增设安全措施者，必须填用新的工作票，并重新履行工作许可手续。如因工作需要陪停设备，在陪停设备复役后也应重新填用新的工作票。

71. 工作间断后第二天恢复工作时，应遵守哪些规定?

答： 次日复工时，工作负责人应电告工作许可人，并重新认真检查安全措施是否符合工作票要求，召开现场站班会后，方可工作。若无工作负责人或专责监护人带领，作业人员不得进入工作地点。

72. 在工作间断期间，工作票未交回，若有紧急情况需要送电，该如何办理？工作终结和工作票终结有什么不同?

答： 在工作间断期间，若有紧急需要，变电运维人员可在工作票未交回的情况下合闸送电，但应先通知工作负责人，在得到工作班全体人员已经离开工作地点、可以送电的答复后，方可执行，并应采取下列措施：

（1）拆除临时遮栏、接地线和标示牌，恢复常设遮栏，换挂“止步，高压危险!”的标示牌；

（2）应在所有道路派专人守候，以便告诉工作班人员“设备已经合闸送电，不得继续工作”，守候人员在工作票未交回以前，不得离开守候地点。

全部工作完毕后，工作班应清扫、整理现场。工作负责人应先周密地检查，待全体作业人员撤离工作地点后，再向变电运维人员交待所修项目、发现的问题、试验结果和存在问题等，并与变电运维人员共同检查设备状况、状态，有无遗留物件，是否清洁等，然后在工作票上填明工作结束时间。经双方签名后，表示工作终结。

待工作票上的临时遮栏已拆除，标示牌已取下，已恢复常设遮栏，未拆除的接地线、未拉开的接地刀闸（装置）等设备运行方式已汇报调控人员，工作票方告终结。

73. 总、分工作票的使用有哪些规定?

答：第一种工作票所列工作地点超过两个，或有两个及以上不同的工作单位（班组）在一起工作时，可采用总工作票和分工作票。总、分工作票应由同一个工作票签发人签发。总工作票上所列的安全措施应包括所有分工作票上所列的安全措施。几个班同时进行工作时，总工作票的工作班成员栏内，只填明各分工作票的负责人，不必填写全部工作班人员姓名。分工作票上要填写工作班人员姓名。

总、分工作票在格式上与第一种工作票一致。分工作票应一式两份，由总工作票负责人和分工作票负责人分别收执。分工作票的许可和终结，由分工作票负责人与总工作票负责人办理。分工作票应在总工作票许可后才可许可。总工作票应在所有分工作票终结后才可终结。

74. 变电运维人员应如何填写变电第一种工作票补充安全措施栏内容？

答：变电运维人员应按下列要求填写变电第一种工作票补充安全措施栏内容：

（1）填写［安全措施］栏中无法反映但又必须向工作负责人交待的保留带电部分和其他安全措施，以及［工作地点保留带电部分和注意事项］栏要求变电运维人员实施安全措施的执行情况，由工作许可人根据工作需要及现场布置的实际情况填写。

（2）工作许可人在确认“断开作为安全措施的电动闸刀的操作电源，机械箱门上锁等”已实施到位后，可填写“操作电源已全部断开，机构箱门已全部上锁等”字样。

（3）补充工作地点保留带电部分必须注明具体设备和部位，并按下列原则填写：

1）单一间隔一次设备检修：应注明相邻间隔设备运行状况、线路侧是否带电、该间隔所连母线是否带电；

2）单母线（包括母设）检修：应注明另一段母线是否带电，并一一注明连接于检修母线上所有线路的线路侧是否带电；如连接于检修母线上所有线路的线路侧均带电，可注明“××母线所连线路均带电”，具体线路间隔名称不再填写；

3）双母线（包括母设）检修：如另一段母线运行，可注明“××母线及所连线路均带电”，具体线路间隔名称不再填写；

4）变压器检修：检修变压器各侧母线是否带电；

5）开关室内开关柜上保护装置工作：相邻开关柜运行状况、开关柜所连母线是否带电；

6）控制保护室内整屏工作：左右屏运行状况（包括运行和信号状态）；

7）控制、保护室屏内某一套装置工作：该套装置四周的保护装置的运行状况（包括运行和信号状态）。

75. 在同一电气连接部分同时有检修和试验工作时应注意哪些安全事项？

答：如果高压试验和检修工作合用一张工作票，工作负责人可由检修负责人或试验负责人担任，但在试验前应得到检修工作负责人的许可，停止与试验相关的检修工作，并将检修人员撤离试验区域。

如果高压试验和检修工作分别开工作票，现场只允许有一张工作票。工作票签发人应在试验工作票的[备注]栏中说明“试验工作许可前，停止该设备的检修工作，收回检修工作票”，并口头或电话告知工作许可人。检修工作开始后，确因工作需要许可高压试验工作票时，则由试验工作负责人通知检修负责人将检修工作票交回变电运维人员。

76. 智能化保护在工作结束验收时应注意哪些安全事项？

答： 智能化保护工作结束验收时，应检查保护装置有无故障或告警信号，保护定值及定值区切换正确，GOOSE 链路正常，分相电流差动通道正常，检查保护状态是否为许可前状态，并取下保护装置检修状态压板，检查监控后台有无相应告警光字信息和报文。

77. 工作许可后，如何对作业中的施工作业班组进行管理？

答： 工作许可后，应按下列要求对作业中的施工作业班组进行管理：

（1）工作许可后运行人员应经常检查施工人员是否遵守变电站安全管理规定，在施工作业中是否擅自变更安全措施，是否随意拆除、跨越安全遮拦。

（2）严禁施工人员进入工作票所列范围以外的设备区域。发现上述情况时，变电运维人员应先停止施工班组的作业，并立即报告值班负责人或相关领导。

（3）检修及其他施工作业中使用变电站电源时，必须经变电运维人员同意，并接入指定位置。

（4）变电运维人员遇到变电站内有不熟悉人员（非工作班组成员），应立即上前问明身份，如为闲散人员，应立即驱逐出站。

（5）变电运维人员在施工过程中发现影响变电站的安全生产和规范管理方面的问题时，应立即进行制止，不听劝阻的，应将其工作票收回并责令其清场。

78. 布置临时安全措施有哪些安全要求?

答：布置临时安全措施有下列安全要求：

（1）变电运维人员按照工作票的安全措施要求悬挂标示牌、装设围栏等；

（2）值班负责人和工作许可人共同检查现场安全措施正确完备；

（3）工作许可人给工作票编号；

（4）工作许可人核对接地线编号后，在工作票上填写“已装接地线”编号；

（5）工作许可人按规定在工作票[补充工作地点保留带电部分和安全措施]栏目中填写工作地点保留带电部分内容及安全注意事项。

六、运维一体化作业

79. 电压互感器高压熔丝更换前需要做哪些安全措施?

答：电压互感器高压熔丝更换前需要做下列安全措施：

（1）母线电压互感器高压保险管更换前，应将该电压互感器改为检修，并检查电压互感器小车绝缘有无异常；

（2）电压互感器二次并列前，应检查电压互感器二次回路无异常，先确保一次并列再进行二次并列；

（3）不经二次并列运行的电压互感器停电前，应汇报调度将可能误动的保护和自动装置退出。

80. 变电运维带电检测主要有哪些项目？发现异常后如何处理?

答：变电运维站负责的带电检测项目包括：一、二次设备红外热成像检测、开关柜地电波检测、变压器铁心与夹件接地电流测试、接地引下线导通检测、蓄电池内阻测试和蓄电池核对性充放电。

当上述项目发现有异常时可按以下要求处理：

（1）检测人员检测过程发现数据异常，应立即上报本单位运检部。对于 220kV 及以上设备，应在 1 个工作日内将异常情况以报告的形式报省公司运检部和省设备状态评价中心；

（2）省设备状态评价中心根据上报的异常数据在 1 个工作日内进行分析和诊断，必要时安排复测，并将明确的结论和建议反馈省公司运检部及运维单位，安排跟踪检测或停电检修试验。

81. 站用电户外熔丝更换时应注意哪些安全事项？

答：站用电户外熔丝更换时应注意下列安全事项：

（1）确认发生外熔丝熔断的所用变运行应无异响、异味、冒烟、着火、发热、放电等现象；

（2）所用电系统外熔丝更换需两人进行，一人监护，一人作业；

（3）所用电系统外熔丝更换时，作业人员应戴安全帽、戴护目眼镜、戴绝缘手套、穿绝缘靴；

（4）若所用电系统外熔丝再次熔断，则应将所用变进行检修处理。

82. 测控装置出现一般性故障需重启处理时应注意哪些安全事项？

答：测控装置出现一般性故障需重启处理时应注意下列安全事项：

（1）防止误碰其他运行设备，作业前仔细核对屏位图与装置位置；

（2）防止装置误动、误出口，注意断开相关出口压板；

（3）防止重启中装置被遥控出口，重启前先将测控装置“远方/就地”把手切至“就地”位置；

（4）防止造成电网调度负荷不平衡和AGC误动，注意提醒所属调度对相关数据封锁和恢复。

83. 带电检测工作在哪些情况下应适当增加检测频次?

答：带电检测工作在下列情况下应适当增加检测频次：

（1）在雷雨季节前和大风、暴雨、冰雪灾、沙尘暴、地震、严重寒潮、严重雾霾等恶劣天气之后；

（2）新投运的设备、对核心部件或主体进行解体性检修后重新投运的设备；

（3）高峰负荷期间或负荷有较大变化时；

（4）经受故障电流冲击、过电压等不良工况后。

84. 红外热像检测时应注意哪些安全事项?

答：红外热像检测时应注意下列安全事项：

（1）应在良好的天气下进行，如遇雷、雨、雪、雾不得进行该项工作，风力大于5m/s时，不宜进行该项工作；

（2）检测时应与设备带电部位保持相应的安全距离；

（3）进行检测时，要防止误碰误动设备；

（4）行走中注意脚下，防止踩踏设备管道；

（5）应由专人监护，监护人在检测期间应始终行使监护职责，不得擅离岗位或兼任其他工作。

85. 铁心接地电流检测时应注意哪些安全事项?

答：铁心接地电流检测时应注意下列安全事项：

（1）检测工作不得少于两人，试验负责人应由有经验的人员担任；

（2）开始试验前，试验负责人应向全体试验人员详细布置试验中的安全注意事项，交待邻近间隔的带电部位，以及其他安全注意事项；

（3）应在良好的天气下进行，户外作业如遇雷、雨、雪、雾不得进行该项工作，风力大于5级时，不宜进行该项工作；

（4）检测时应与设备带电部位保持相应的安全距离；

（5）在进行检测时，要防止误碰误动设备；

（6）行走中注意脚下，防止踩踏设备管道；

（7）测试前必须认真检查表计倍率、量程、零位，均应正确无误。

86. 暂态地电压局部放电检测时应注意哪些安全事项？

答：暂态地电压局部放电检测时应注意下列安全事项：

（1）检修人员检测时应使用变电站第二种工作票，变电运维人员检测时应使用维护作业卡；

（2）暂态地电压局部放电带电检测工作不得少于两人。工作负责人应由有检测经验的人员担任，开始检测前，工作负责人应向全体工作人员详细布置检测工作的安全注意事项，应由专人监护，监护人在检测期间应始终履行监护职责，不得擅离岗位或兼职其他工作；

（3）雷雨天气禁止进行检测工作；

（4）检测时检测人员和检测仪器应与设备带电部位保持足够的

安全距离；

（5）检测人员应避开设备泄压通道；

（6）在进行检测时，应防止误碰误动设备；

（7）测试时人体不能接触暂态地电压传感器，以免改变其对地电容；

（8）检测中应保持仪器使用的信号线完全展开，避免与电源线缠绕，收放信号线时禁止随意舞动，并避免信号线外皮受到刮蹭；

（9）在使用传感器进行检测时，应戴绝缘手套，避免手部直接接触传感器金属部件；

（10）检测现场出现异常情况（如异音、电压波动、系统接地等），应立即停止检测工作并撤离现场。

七、变电站设备异常和事故处理

87. SF_6 配电装置室发生大量泄漏等紧急情况时如何处理?

答：SF_6 配电装置室发生大量泄漏等紧急情况时应按下列要求处理：

（1）SF_6 配电装置室发生大量泄漏等紧急情况时，人员应迅速撤出现场，开启所有排风机进行排风；

（2）未配戴防毒面具或正压式空气呼吸器人员禁止入内；

（3）只有经过充分的自然排风或强制排风，并用检漏仪测量 SF_6 气体合格，人员才准进入；

（4）发生设备防爆膜破裂时，应停电处理，并用汽油或丙酮擦拭干净。

88. 处理故障电容器时应注意哪些安全事项?

答：处理故障电容器时应注意下列安全事项：

（1）在处理故障电容器前，应先断开断路器及断路器两侧隔离开关，然后验电、装设接地线；

（2）由于故障电容器可能发生引线接触不良、内部断线或熔丝熔断等，因此有一部分电荷有可能未放出来，所以在接触故障电容器前，应戴上绝缘手套，用短路线将故障电容器的两极短路并接地，方可动手拆卸；

（3）对双星形接线电容器组的中性线及多个电容器的串联线，还应单独放电。

89. 变压器轻瓦斯发出动作信号的检查处理时应注意哪些安全事项？

答：当气体继电器发出轻瓦斯动作信号时，应立即检查气体继电器，及时取气样检验，以判明气体成分，同时取油样进行色谱分析，查明原因及时排除。

90. 无人值班变电站发生火灾时的处理原则是什么？

答：无人值班变电站发生火灾时应按下列原则处理：

（1）突发火灾事故时，应立即根据变电站现场运行专用规程和消防应急预案正确采取紧急隔、停措施，避免因着火而引发的连带事故，缩小事故影响范围；

（2）参加灭火的人员在灭火时应防止压力气体、油类、化学物等燃烧物发生爆炸及防止被火烧伤或被燃烧物所产生的气体引起中毒、窒息；

（3）电气设备未断电前，禁止人员灭火；

（4）当火势可能蔓延到其他设备时，应果断采取适当的隔离措施，并防止油火流入电缆沟和设备区等其他部位；

（5）灭火时应将无关人员紧急撤离现场，防止发生人员伤亡；

（6）火灾后，必须保护好火灾现场，以便有关部门调查取证。

91. 无人值班变电站危险品如何管理？

答：无人值班变电站危险品应按下列要求进行管理：

（1）站内的危险品应有专人负责保管并建立相关台账；

（2）各类可燃气体、油类应按产品存放规定的要求统一保管，不得散存；

（3）备用六氟化硫（SF_6）气体应妥善保管，对回收的六氟化硫（SF_6）气体应妥善收存并及时联系处理；

（4）六氟化硫（SF_6）配电装置室、蓄电池室的排风机电源开关应设置在门外；

（5）废弃有毒的电力电容器、蓄电池要按国家环保部门有关规定保管处理；

（6）设备室通风装置因故停止运行时，禁止进行电焊、气焊、刷漆等工作，禁止使用煤油、酒精等易燃易爆物品；

（7）蓄电池室应使用防爆型照明、排风机及空调，通风道应单独设置，开关、熔断器和插座等应装在蓄电池室的外面，蓄电池室的照明线应暗线铺设。

92. 无人值班变电站如何做好防汛管理工作?

答: 无人值班变电站应按下列要求做好防汛管理工作:

(1)应根据本地区的气候特点、地理位置和现场实际,制定相关预案及措施,并定期进行演练。变电站内应配备充足的防汛设备和防汛物资,包括潜水泵、塑料布、塑料管、沙袋、铁锹等;

(2)在每年汛前应对防汛设备进行全面的检查、试验,确保处于完好状态,并做好记录;

(3)防汛物资应由专人保管、定点存放,并建立台账;

(4)雨季来临前对可能积水的地下室、电缆沟、电缆隧道及场区的排水设施进行全面检查和疏通,对房屋渗漏情况进行检查,做好防进水和排水及屋顶防渗漏措施;

(5)下雨时对房屋渗漏、排水情况进行检查。雨后检查地下室、电缆沟、电缆隧道等积水情况,并及时排水,做好设备室通风工作。

八、新设备（新站）投运准备安全管理

93. 变电站扩建过程施工电源应注意哪些安全事项？

答：变电站扩建过程施工电源应注意下列安全事项：

（1）必须征得变电运维人员的同意；

（2）变电运维人员应根据施工单位提供的负荷合理安排施工电源及站用电的运行方式；

（3）施工电源须在指定位置引接并安装漏电保护器，引接出的电缆必须采取防破损、防碾压措施；

（4）施工电源使用过程中严格控制好用电负荷，严防施工用电影响生产系统的正常运行。

94. 变电站新投运 24h 试运行期间巡视重点是什么？

答：设备启动结束后即进入 24h 试运行，变电运维人员应对一、二次设备进行认真核对，检查其是否满足运行方式要求。一次设备的油温、油色、油位、油（气）压力是否正常。二次设备的指示灯、信号灯、保护的面板指示、压板的投退是否正确。直流系统运行及所用电是否正常，以确保全所设备正常运行。

95. 智能变电站继电保护异常处理原则是什么?

答：智能变电站继电保护异常应按下列原则处理：

（1）保护装置异常时，放上装置检修压板，重启装置一次。

（2）智能终端异常时，放上装置检修压板，取下出口硬压板，重启装置一次。

（3）间隔合并单元异常时，放上装置检修压板，将相关保护改信号，重启装置一次。

（4）以上装置重启后若异常消失，将装置恢复到正常运行状态，若异常没有消失，保持该装置重启时状态。

（5）GOOSE 交换机异常时，重启一次。重启后异常消失则恢复正常继续运行。如异常没有消失，退出相关受影响保护装置。

（6）双重化配置的二次设备仅单套装置发生故障时，原则上不考虑陪停一次设备，但应加强运行监视。

（7）主变压器非电量智能终端装置发生 GOOSE 断链时，非电量保护可继续运行，但应加强运行监视。

（8）收集异常装置、与异常装置相关装置、网络分析仪、监控后台等信息，进行辅助分析，初步确定异常点。

（9）如确认装置异常，取下异常装置背板光纤，进行检查处理。

（10）异常处理后需进行补充试验，确认装置正常，配置及定值正确。

（11）确认装置“恢复安措”（恢复前的补充安措）状态正确，接入光缆；检查装置无异常、相关通信链路恢复后装置投入运行。

九、其　他

96. 动火工作过程中应注意哪些安全事项?

答：动火工作过程中应注意下列安全事项：

（1）一级动火在首次动火时，各级审批人和动火工作票签发人均应到现场检查防火安全措施是否正确完备，测定可燃气体、易燃液体的可燃蒸汽含量是否合格，并在监护下作明火试验，确无问题后方可动火。

（2）一级动火时，动火部门分管生产的领导或技术负责人（总工程师）、消防（专职）人员应始终在现场监护。二级动火时，动火部门应指定人员，并和消防（专职）人员或指定的义务消防员始终在现场监护。

（3）一、二级动火工作在次日动火前应重新检查防火安全措施，并测定可燃气体、易燃液体的可燃蒸汽含量，合格后方可重新动火。

（4）一级动火工作的过程中，应每隔 2 ~ 4h 测定一次现场可燃气体、易燃液体的可燃蒸汽含量是否合格，当发现不合格或异常升高时应立即停止动火，在未查明原因或排除险情前不准动火。

（5）动火工作完毕后，动火执行人、消防监护人、动火工作负责人和运维许可人应检查现场有无残留火种，是否清洁等。确认无问题后，在动火工作票上填明动火工作结束时间，经四方签名后（若动火工作与运行无关，则三方签名即可），盖上“已终结”印章，动火工作方告终结。

97. 动火作业有哪些安全防火要求?

答：动火作业有下列安全防火要求：

（1）有条件拆下的构件，如油管、阀门等应拆下来移至安全场所；

（2）可以采用不动火的方法代替而同样能够达到效果时，尽量采用替代的方法处理；

（3）尽可能地把动火时间和范围压缩到最低限度；

（4）凡盛有或盛过易燃易爆等化学危险物品的容器、设备、管道等生产、储存装置，在动火作业前应将其与生产系统彻底隔离，并进行清洗置换，经分析合格后，方可动火作业；

（5）动火作业应有专人监护，动火作业前应清除动火现场及周围的易燃物品，或采取其他有效的安全防火措施，配备足够适用的消防器材；

（6）动火作业现场的通排风要良好，以保证泄漏的气体能顺畅排走；

（7）动火作业间断或终结后，应清理现场，确认无残留火种后，方可离开。

98. 变电站安防设施有哪些安全管理要求？

答：变电站须具备完善的安防设施，应能实现安防系统运行情况监视、防盗报警等主要功能，相关报警信息应传送至调控中心。具体要求如下：

（1）无人值守变电站须具备完善的安防设施，应能实现安防系统运行情况监视、防盗报警等主要功能，相关报警信息应传送至调控中心；

（2）无人值守变电站实体防护措施应可靠有效，并报有关部门审查；

（3）无人值守变电站的大门正常应关闭、上锁，装有防盗报警系统的应定期检查、试验报警装置完好；

（4）变电运维人员在巡视设备时应兼顾安全保卫设施的巡视检查；

（5）未经审批和采取必要安全措施的易燃、易爆物品严禁携带进站；

（6）变电运维人员在巡视设备时应兼顾工业视频设施的巡视检查，发现设施异常时应及时安排处理。

99. 变电站综合分析有哪些安全管理要求?

答：综合分析每月开展1次，由变电运维班班长组织全体运维人员参加。综合分析包括下列主要内容：

（1）“两票”和规章制度执行情况分析；

（2）事故、异常的发生、发展及处理情况；

（3）发现的缺陷、隐患及处理情况；

（4）继电保护及自动装置动作情况；

（5）季节性预防措施和反事故措施落实情况；

（6）设备巡视检查监督评价及巡视存在问题；

（7）天气、负荷及运行方式发生变化，运维工作注意事项；

（8）本月运维工作完成情况以及下月运维工作安排。

100. 变电站内的大型作业现场如何进行风险管控?

答：作业现场实施主要风险包括：电气误操作、继电保护“三误”、触电、高空坠落、机械伤害等。对于风险的主要控制措施与要求参见《生产作业风险管控工作规范（试行）》。

现场实施风险管控主要措施与要求：

（1）作业人员作业前经过交底并掌握方案。

（2）危险性、复杂性和困难程度较大的作业项目，作业前必须开展现场勘察，填写现场勘察单，明确工作内容、工作条件和注意事项。

（3）严格执行操作票制度。解锁操作应严格履行审批手续，并实行专人监护。接地线编号与操作票、工作票一致。

（4）工作许可人应根据工作票的要求在工作地点或带电设备四周设置遮栏（围栏），将停电设备与带电设备隔开，并悬挂安全警示标示牌。

（5）严格执行工作票制度，正确使用工作票、动火工作票、二次安全措施票和事故应急抢修单。

（6）组织召开开工会，交代工作内容、人员分工、带电部位和现场安全措施，告知危险点及防控措施。

（7）安全工器具、作业机具、施工机械检测合格，特种作业人员及特种设备操作人员持证上岗。

（8）对多专业配合的工作要明确总工作协调人，负责多班组各专业工作协调。复杂作业、交叉作业、危险地段、有触电危险等风险较大的工作要设立专责监护人员。

（9）操作接地是指改变电气设备状态的接地，由操作人员负责实施，严禁检修工作擅自移动或拆除。工作接地是指在操作接地实施后，在停电范围内的工作地点，对可能来电（含感应电）的设备端进行的保护性接地，由检修人员负责实施，并记录在工作票上。

（10）严格执行安全规程，严格现场安全监督，不走错间隔，不误登杆塔，不擅自扩大工作范围。

（11）全部工作完毕后，拆除临时接地线、个人保安接地线，恢复工作许可前设备状态。

（12）根据具体工作任务和风险度高低，相关生产现场领导干部和管理人员到岗到位。